《花艺目客》编辑部　编
中国林业出版社

花艺目客

冬
—至—
阳生

己亥年
总第 7 辑

U0416399

己亥年冬　总第 7 辑

图书在版编目（CIP）数据

花艺目客·冬至阳生 / 花艺目客编辑部编. -- 北京：中国林业出版社，2019.12
　ISBN 978-7-5219-0441-3

Ⅰ. ①花… Ⅱ. ①花… Ⅲ. ①花卉装饰—装饰美术
Ⅳ. ①J525.12

中国版本图书馆CIP数据核字(2020)第006044号

责任编辑	印芳　袁理
出版发行	中国林业出版社
	（100009 北京市西城区刘海胡同7号）
电　　话	010-83143565
印　　刷	固安县京平诚乾印刷有限公司
版　　次	2020年3月第1版
印　　次	2020年3月第1次印刷
开　　本	787mm×1092mm　1/16
印　　张	9
字　　数	300千字
定　　价	58.00元

总策划 *Event planner*
中国林业出版社

主编 *Chief Editor*
印芳

特约撰稿 *Staff Editor*
霍丽洁　黄静薇　石艳

编辑 *Editor*
袁理　邹爱

美术编辑 *Art Editor*
刘临川

封面图片 *Cover Picture*
南京久月婚礼

联系我们 *Contect us*
huayimuke@163.com

商业合作 *Business cooperation*
huayimuke@163.com

投稿邮箱 *Contribution email address*
huayimuke@163.com

人物 | Stars

9
Klaus
自然之美在他的作品中灵光闪烁

23
赵敏珠
压花是用来传播快乐的，而不是贩卖商品

设计 | Design

34
冬日星辰创意花艺

40
冰雪奇缘

46
温馨圣诞节

53
回归自然的美式乡村风婚礼

62
日月星辰，繁花与兔

64
野草丛 & 他的爱车

68
冷天体

73
球形权杖手捧

74
水滴形新娘手捧

75
甜甜圈汉堡形新娘手捧

基础 | Basic

78
植物编织墙饰

81
冬日蜡感架构桌花

82
圣诞长桌花

87
卷木屑

88
广玉兰叶

90
卷落叶

92
木贼

94
野蛮花园风

97
木工

99
竹子

103
枯枝与枯叶

105
枫夜

106
朝花夕拾

108
古时清欢

110
灰色空间

112
仙客来的圣诞之约

114
圣诞之夜

115
圣诞快乐

117
圣诞之光

118
圣诞树的祝福

探店 | Discovery

122
34年，Hanasho 成为福冈最具人气的花店

130
伊都菜彩里的花店，让菜篮子里多一束花

136
店面装饰＋多业态的体验式风格正在兴起

1 人物
Stars

Klaus
自然之美在他的作品中灵光闪烁

赵敏珠
压花是用来传播快乐的，而不是贩卖商品

自然之美
在他的作品中灵光闪烁

"Klaus 不止创意斐然，他仿佛通晓一切材料的特性，能与它们亲密交谈，这个小伙子很可怕。"——国外专栏作家评价 Klaus1985 年"花艺世界杯"夺冠

撰文/霍丽洁　**图片**/北京鹿石花艺教育

德国的Klaus Wagener是一位在中国拥有大批粉丝的花艺界帅大叔。

挺拔健硕的身材、睿智明亮的眼神、设计中难掩的天赋灵感和才华，让这位已经六十多岁的花艺大师，当之无愧成为花艺圈儿新生代的偶像。如今的Klaus，是北京鹿石花艺教育的签约导师，也是鹿石最受欢迎的国际大师之一。不管是潜心花艺设计，登上大赛巅峰，还是创刊杂志，成为花艺时尚传媒的先行者，Klaus总是在与自然的链接中，在对人们生活方式的引领中，源源不断地输出着他的非凡创意和灵感。

**不管是潜心花艺设计，登上大赛巅峰，
还是创刊杂志，成为花艺时尚传媒的先行者，
Klaus总是在与自然的链接中，
在对人们生活方式的引领中，
源源不断地输出着他的非凡创意和灵感。**

生于"世家" 森林为伴

很多国际花艺大师都有"家学"渊源,Klaus也不例外。

Klaus的父母有一家花店,这是他成长的一部分,幼时的他从摆弄花草植物中得到了很多快乐。因为家离森林很近,他经常去那里玩耍。18岁时,他开始思考职业规划:以后是做建筑师、护林员还是花园景观设计师?没有困惑多久,他就决定要成为一名花艺师,并且以全部身心投入进去。

"您喜欢花草植物吗?"很多花艺师都面临这个基本的从业问题,而在Klaus看来,不仅是花、植物,所有那些来自大自然的材料都是他非常喜欢的。

"我喜欢大自然的绿色,像是繁茂的树木,那些多年生的,特别是有着巨大的叶子的植物。除此之外,像是木头、树皮还有石头这些都让我很着迷。我收集了很多这些东西,也把它们放进我的作品中。我也喜欢鲜花,不过一株植物对我来说更有意义,因为它们还在成长,还在变化,这就像是大自然的变化一样,非常美妙。自然所带来的这一切,我从来没有厌倦。"

年少成名 注重立意

1985年，在美国底特律举办的花艺世界杯大赛中，27岁的Klaus力挫群英，斩获冠军！一直沉醉于设计，并未渴望成名的Klaus意识到："我做了一些非常特殊的，并不是每个人都能做到的事。"虽然在这之前，他已经在德国花艺锦标赛中获得了冠军。说到这一职业生涯中的辉煌时刻，性格低调的他只是说，"我的家庭对我很重要。他们总是支持我，鼓励我，我对此非常地感激，我尤其感谢我的妻子Berni。"他没有把这次荣耀当成顶峰，而是发现：有时候人会过于专注于做一件事，一直努力前进，奇迹般的成绩就会不知不觉中到来。

谈到自己的设计理念，他说，有一个明确的立意是很重要的。作品一定要独一无二，与众不同！这也是为什么他总是信奉"少即是多"。"我信奉'去繁从简，取其精华（Limit yourself to

the essential）',所以在整体形态、材料、技法、色彩上,我会有非常严格甚至苛刻的选择。有时候会发现大家在一件作品中放入过多的想法,以致于没有呈现出最好的想法或者不能将一个想法以最好的方式表达出来,这是非常遗憾的!"

另外,他提到作品的比例和结构也很重要。在他的工作室中,他经常提到黄金比例（Golden Ratio）,它很容易操作,每个人都能很快理解。其次,当下的创造力也很重要,他建议花艺师必须让自己放松,敞开心扉,让灵感自然而然地诞生。最后,批判地审视自己的作品,也许会发现进一步优化的空间。

创刊《BLOOM's》 引领潮流

1993年，Klaus同另外三名合伙人开办出版公司FMS（2006年更名为BLOOM's），担任公司管理总监、执行官和创意总监。

从花艺大师到杂志创刊人，给予了Klaus职业生涯的又一次绽放。"我至今还没有灵感枯竭的时候"，因为BLOOM's汇集了一群有创意的人，我们彼此启发，又都为每一年的花艺生活趋势忙碌着。"

BLOOM's有一个五六人的团队，专门研究花艺市场的变化。他们不断去参加世界各地的各种展会，涉及到时装时尚类、周边衍生产品类、布料织物类、室内设计类等。他们也会参考其他非花艺机构研究的潮流趋势预测，再结合花艺行业的特点，形成关于花艺界的趋势预测。而Klaus在参与这一切的同时，也从来没有忘记回到大自然的森林中，或者在独步的旅行中，沉淀自己的思绪。

2020年的花艺流行趋势是什么呢？Klaus回答，2020年不仅仅是一个趋势，而是有好几个趋势贯穿始终。BLOOM's已经确定了2020年的五个趋势。其中三个主要趋势如下。

第一、自然元素（Just Natural）继续流行

包括生机勃勃的自然材料和萧索凋零的自然材料；

棕色和橄榄绿色的自然色调、橙色和白色相结合的色调；

自然手工艺制品。

第二、轻松快乐（Just Easy）的氛围

在这个趋势中，色彩代表纯粹的快乐，尤其会使用淡红色调（水芹红、鲑鱼红、粉红等）并融入了许多其他的颜色比如白色。

第三个趋势：舒适（Just Comfort）的感觉

60年代的复古设计，从造型到色彩。

不管是潜心花艺设计，登上大赛巅峰，还是创刊杂志，成为花艺时尚传媒的先行者，Klaus总是在与自然的链接中，在对人们生活方式的引领中，源源不断地输出着他的非凡创意和灵感。

BLOOM's分析2020年花艺流行趋势：
Just Natural 自然元素继续流行
Just Easy 轻松快乐的氛围
Just Comfort 舒适的感觉

压花 是用来传播快乐的 而不是贩卖商品

赵敏珠的压花生活

　　拥有花草生活已然成为现代人最向往的生活方式之一。能找到一个属于自己的兴趣爱好，不问贵贱，自己亲手做的就好，也是大家所期待的吧；快节奏的生活让我们都疲惫不堪，各种压力接踵而至，这些年你是不是一直渴望寻找到生活和工作的平衡点呢？

编辑/邹爱　文图/敏珠

第一眼就被敏珠老师的压花作品所感动，一种难得的清新灵动感。

她从事线下广告行业15年，有着丰富的线下广告公司运营管理和全国大型项目管理的经验，善于团队管理和建立全国执行网络。

2016年从广告公司裸辞后，这三年专注于压花手作教学与推广。

2017年1月推动了全国花店行业的压花手作课程。

她痴迷于花草间的乐趣，立志做个花艺生活的传播者，把花艺融入生活，融入工作，让花艺生活化，让生活艺术化。

遇见压花，遇见梦想

如果你每天除了工作就没有生活了，那真的很无趣哦！我曾经过了很多年这样的日子，在老板眼里我是个非常不错的合作伙伴；在员工眼里我也算得上是个好老板。可是我不是一个好妈妈、好女儿、好老婆。在广告公司每天16个小时左右的工作，开不完的会，看不完的邮件，连晚上做梦都是工作。曾经儿子说他每年只能见我52次，因为他六岁就开始住校了，每周回家还不一定能看到我。

人到中年后，就会发现未来的几十年不是员工陪我的，而是家人，于是我离开了职场，离开魔都的喧嚣繁华，带着全家人来到了海边的一个小地方。这里离市中心70多公里，有湖有海，有上海最干净的蓝天白云。

我之前在北京学过花艺。虽然没有成为花艺师或者花店老板娘，但可以成为一个花艺生活的传播者。我是这样想的，也是这样做的。阳台上、花园里、客厅、飘窗都是花花草草的小天地。

偶然的机会，在2016年7月第一次遇见了压花，很心动，于是就开始了压花的学习之路，有国内的、台湾的、日本的老师，除了学习压花技能外，更要学的是老师们对压花的教学理念。日本杉野老师说"压花是用来传播快乐的，而不是贩卖商品的"，深深影响着我。

收藏花材，就像是收藏财富

国际压花协会会长Kate Chu曾经告诉我，学压花，第一步是要把花压好。于是压花成了我的生活日常，经常开着车去湖边、海边、荒野里寻找野花野草。走在路上眼睛也会自动变成扫描仪，任何花草的色彩都会被我发现。春天我还会趴在草地上拍苔藓发芽的照片；夏天会去树林里寻找小野花；秋天会天天去观察树叶变色的过程；冬天会玩种球，体验从播种到发芽到开花的快乐。

小时候我们会把植物的叶子夹在书本里，做成一张书签，这是大家对压花最初的印象。现在我们可以把喜欢的花草、蔬果、叶子、树皮通过特制的压花工具快速脱水，保持了接近植物的原色和形态。所以压花的过程是色诱的过程。大自然的色彩是有季节性的，错过了就要再等一年，收藏花材就像是收获了财富。

我曾经把床头柜撤掉，换成几箱压好的花材，感觉每天是闻着花草的味道入睡的。也许是每天都抚摸着植物每一片花瓣、每一片叶子，心也变得柔软起来了。压花让我知道什么是简单的幸福。

每一次压花都会期待打开压花板的那一刻，当你发现你又收获了一份植物色彩的时候会像孩子一样的开心。所以我相信了植物是有能量的，一把剪刀就可以剪出美好来。花为伴，幸福自然来！

压花是一个记录快乐，创造快乐的过程

没有艺术细胞，没有美术基础，那一幅幅艺术作品让大众有距离感，为什么我们不能通过压花把花草装扮在自己的生活用品上呢？手作的本意应该就是人人都能玩吧。

所有孩子的童年，都渴望走进大自然五彩斑斓的世界吧。可是永远都有写不完的作业，上不完的兴趣班，根本挤不出时间。每个妈妈在抚养孩子长大的路上也是洒满心酸泪的。回想自己和儿子在一起的亲子时光实在太少了，孩子渐渐长大，他心里的想法越来越多，多么想走进他的心里去看一下呢。我渴望的母子情应该是在孩子凝望着你的那一刻就能读懂他心里的想法。在卡纸上剪出两条线条，再用刚刚压好的角堇花填充，随手一幅作品《母子情》记录着2019年母亲节前的感想。

小时候都是被童话故事深深吸引的，很多故事情节都有森林里的小木屋，我也有。可是长大了以后才发现童话只是童话而已，现实生活会让儿时的梦想越来越模糊。在一次学习压花的课堂上，老师布置作业，一个是用花器创作的题目，一个是做一幅风景画。我做了一幅飘窗上的瓶花代表着自己现在的生活状态。那么未来是什么样子的呢？脑海里就浮现了小木屋里画面。想象着小木屋前后都能

幸福是需要自己创造的，如果觉得柴米油盐的日子太平淡了，也可以点上自己动手制作的压花蜡烛，和你的爱人一起享受一次烛光晚餐，收获浪漫和幸福；如果你烦心事比较多，就让自己独处一下，点上压花蜡烛，听听音乐、看看书、品一杯红酒，静心片刻。如果正好有人过生日、结婚，为啥不亲自动手制作一份花烛作为礼物赠送呢？美丽动人的蜡烛上可以让你感受季节的变换。

每个女人都有一个首饰盒，而且永远都不会嫌多，因为衣橱里的衣服总在更新。当有一天对它们喜新厌旧了怎么办呢？学着自己动手创作一套吧，把植物的美丽封存在时光宝石中。也可以把这份如同琥珀一样晶莹剔透的礼物赠送给亲朋好友，收获更多的快乐。

我们总是会把生活美好的画面装在相框里,这样可以慢慢的回忆。我想大自然中每一朵花都有自己的故事,我们也可以让它们在纸上展现美丽。利用植物的色彩和自然的形态,也许是花瓣、叶子,也许是玉米皮、豆苗丝,它们是可以让一张照片,一幅手稿,一个脑海里浮现的场景更生动,或许一张压花书签、一个压花相框就能赋予花草新的生命力。

种满自己喜欢的花花草草，不由得笑起来。作品完成后虽然有很多细节没有处理好，但是它还是圆了我"儿时的梦想"。每每刚到展会上展示，很多人都会说喜欢这幅作品，我想她们应该也是渴望未来的生活是和大自然的花草相伴吧。

压花手作可以让心安静下来，抚摸植物的每一个细胞与它对话，还可以把这份美好赠送给更多的人。生活中的幸福感需要自己创造，压花手作可以让植物的能量传递幸福。这也是治愈系手作的魅力吧。

到底什么是压花？除了"压花是把植物的花朵、叶子、茎、果、根通过整理、加工、压制、脱水变成平面的素材"这个专业答案外，我还有个答案：压花是一个让你体验养花、采花、压花、收藏，以及记录和创造的快乐过程。

压花手作课程的教学之路

一直喜欢在朋友圈分享我的压花生活，于是40岁的我走进了儿子的学校当了压花兴趣班老师，混进了花店行业做压花手作课程的老师……40岁，压花手作教学成了我一个崭新的开始，已经坚持了三年。

也许是长期从事广告公司的原因，遇到新事物都会去分析市场。刚开始觉得材料对于压花的限制非常强，两三年前日本老师的课程，压花资材全部都是日本的，价格非常贵；国内老师的课程也会告诉我这是日本的、这是美国的、这是韩国的、这是找工厂定制的，感觉学完压花如果不能采购到资材根本无法练习和持续热爱下去了。

于是我决定把课程定位在人人都可以玩的，可以用国产资材的压花手作。没有美术基础和艺术天赋都没有关系，借助各种手帐资材相结合来构图也是一种创意，而且是人人都能学会的。我把切入点放在了花店行业。花店是倡导传播美好生活的，而且每家花店都有一群爱花的客户群体，花店里的花材也又多了一个方法使用。

每天匆匆忙忙的奔波，忽略了身边太多的风景，高压状态下更多的是愁容满面。其实只要放慢脚步，弯下腰，欣赏路边的野花野草都会让你发现它们的美丽。如果你再给自己一点时间，亲手体验把花草植物装扮在一枚小小的化妆镜上。那么每天都可以打开压花镜子看到最美的自己，慢慢嘴角上扬了，不经意间定格了属于你的微笑。

崇尚自然、尊重传统工艺技术、简约时尚的北欧风格已经成为潮流了。每个夜晚点亮一盏麻布台灯，可以温暖整个房间。如果再想让夜晚更加美好，麻布台灯上融入压制好的花花草草，画面感是不是更生动，富有自然气息了。压花可以让我们的生活变得更艺术起来。

用 AB 胶做的圣诞亚克力手包,非常适合参加圣诞聚会

用勺子加热法做的圣诞蜡烛既能当礼物送人也可以把它点亮后陪你过一个平安夜

如果你觉得穿圣诞服装太夸张了,不如用UV胶做一款圣诞饰品吧

办公桌上放一个圣诞手机支架是不是可以让你快乐工作呢?

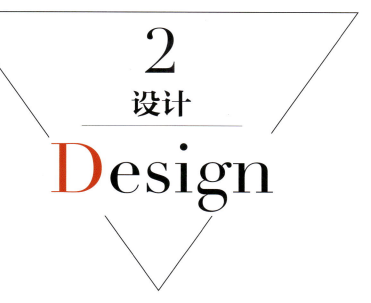

2 设计 Design

| 冬日——星辰创意花艺 | 冰雪奇缘 | 温馨圣诞节 | 回归自然的《美式乡村风婚礼》 | 日月星辰，繁花与兔 |

冬日星辰创意花艺

——花艺 × 摄影 = 光影下花的舞步

You see, before he came down here, it never snowed. And afterwards, it did. If he weren't up there now……I don't think it would be snowing. Sometimes you can still catch me dancing in it.

你看，在他来之前，这里从未有过雪，但后来却下雪了。如果他当初没有到这里来，我想就不会下雪了。你知道有时你会看见我在雪中翩翩起舞。

——Kim《剪刀手爱德华》

相机：Canon
光圈：f/8
曝光时间：1/5秒
ISO速度：ISO-100
焦距：135mm
测光：偏中心平均

Tips：这幅作为主图需要兼顾桌花的整体和细节，ISO随之降低（ISO越低对于光线的要求越高，当然画面也会更细腻）；中、远景细节的要求，因此拍摄时应选择减小光圈，加大景深以及前后景对比；为保证明度，大大降低曝光速度，增加单次开关的进光量也方便更多的细节随着镜头开启时在照片中留下身影。因为快门速度极慢，所以这时候要使用三脚架，以保持画面主体的清晰。

编辑／袁理　**设计**／花艺学院派 - 赤子
摄影／广州林剑与爱莉摄影师工作室

飘雪中伴随着Edward和女主角Kim的相遇，人造人和平凡如你我的女主角之间的爱恋就如同雪中盛开的花的命题一般，童话般不可思议。在现实中，唯有花艺才能让这两种视觉符号相遇。

如何表现冬？大多数人会想到使用白色系的花材。本次设计师不仅想到了这一点，还以蜡为手段烘托了冬日的气氛。低温时涂装容器和配景，令蜡在凝固过程中表现出雪花簌簌落下的堆积质感。被雪地反光如白昼的夜空下静静盛开的银莲花、花毛茛，薄如蝉翼的花瓣姿态各异，宛若雪中着白衣偏偏起舞的女主角。

花器巧妙地选择了试管，即符合了纵向的结构需求，这种化学容器的身份，还有那么一点"科学怪人"的意味。这和"浪漫"关键词主打的花植，配起来和谐又碰撞。而铁丝为骨制作的星形配饰不仅增强了整个桌花童话主题的活泼风格，转移了支架的视觉重心，选择的点状、米字型配花和叶材更是与星形相配。这也令我想到了电影结尾：多年后，山上城堡里的依旧如少年的Edward和山下早已垂垂老矣的Kim隔着星空相望。

使用架构和新材料的探索是创意花艺的标志性思路，也正在成为众多商业设计表现的新手段。花植永远是花艺的重心，如何用不同的、多样的材料来营造复杂的氛围和故事性正是探索中需要思考的问题。

How to make

❶ 在木板上刷蜡。
❷ 用电钻打孔，把试管绑在铁丝上，再用铝丝做一些装饰品。
❸ 整个架构再次刷蜡。
Tips: 需要在低温的时候，刷装饰品。因为低温的蜡可以让表面有一种颗粒感

Flowers & Green
荷花、苔藓、肾蕨、鸟巢蕨、铁线蕨、狼尾蕨、豆瓣黄杨、滴水观音、蒲草、莲蓬、海棠果、竹子

·摄影·

观者起初大都是从平面来感受花植的魅力,这说明摄影技巧正在成为花艺作品走向成功的一部分。本次的摄影请到的是林剑与爱莉摄影师工作室,用他们的技巧帮助设计师完成了一次花植造梦。

1.布光

摄影圈有句话:"想学好摄影,不仅要学会用光,还要学会把钱花光。"当然,这只是一句调侃,但是却表达了"光"对摄影有多么重要。毕竟布光很大程度上决定了影像的调性。

怎样拍出柔和的画面效果还能呈现白色系桌花的层次感?柔和的画面感往往依靠低对比来表现,白色系的层次感却需要一定对比才能呈现。摄影师设计了光线——将散射光从前侧面打入来解决了这个小矛盾。

散射光是直射光通过某种反射器(例如桌面)进行反射后产生的光源,这样软化了光线又不容易形成明显的阴影,获得了影调柔和的造型效果。

光源的投射方向和摄影机的拍摄方向成45度左右角称之为前侧面光,这种光照方向令被摄体具有较大的受光面和较小的背光面,能产生明暗过度的影调层次。这样我们既能看到整个桌花明亮的全貌,花植和配饰之间的柔和投影交错又表现了造型的立体、层次感和花植的质感与曲线。

2.构图

　　这款桌花呈长条状。因此主图选择了平视偏俯视的角度进行拍摄，完整呈现了桌花的全景；附图选择了桌花的俯视、侧视、花植部分特写以及不保留底座的留白构图。帮助读者从多个角度来了解整个桌花的设计。附图往往是对于主图特写、风格和氛围的补充描述。这次拍摄的留白构图吸纳了中国传统绘画中的计白当黑的技巧，这种看似传统又往往在电影和平面设计中出现的构图让"空"与花植的"繁"相碰撞，十分适合表现这种需要凸显层次感的淡雅主题的花植设计。

3.氛围

　　桌花设计轻盈而具现代感，因此餐具作为配饰在选择上保留了白色系，造型颇有新艺术运动风格，其藤蔓花边和波纹流线型茶杯兼顾现代的简约形制又崇尚自然主题的装饰方法，十分符合桌花的整体设计理念。素手着折扇式蕾丝袖口，折扇附带空间指向功能，其无花的蕾丝质地又极其符合整体设计需要表现的烂漫轻盈。

相机：Canon
光圈：f/2.5
曝光时间：1/125 秒
ISO 速度：ISO-200
焦距：125mm
测光：偏中心平均

TIPS：大光圈配合快速曝光时间，缩小景深，远处虚化的同时，近处花艺细节凸显，具有更立体感。画面极生动。

冰 雪 奇 缘

—— 银装素裹只为拥你入怀

主题 / 冰雪奇缘
策划 / 南京久月婚礼
摄影 / KING 国王影像

漫长的思念幻变成冰雪的寂静
在这银装素裹、纯净无暇的一方天地里
化为片片飘零银粟，拥你入怀

编辑 / 石艳　图片 / 南京久月婚礼

左页 雪花主题婚礼是最适宜冬季策划的主题婚礼,雪花白色纯洁,是冬季的标志象征,也恰如其分地象征了新人纯净无瑕的浪漫爱情

右页 来自大自然的冬季灵感,如雪花、藤条、青松、麋鹿都是最具有冬季特色的设计要素。白色搭配蓝色,经典冬季婚礼配色,营造出冬日仙境。蜿蜒的小路,是通往幸福的路

冰雪的主题给人的感觉非常梦幻,就像我们年少读过的童话故事。《睡美人》《美女与野兽》都有冬日的描写,白雪纷飞下,女主角裙摆飞扬!

在色彩学中,白色通常被称为无色,具有高明度。而蓝色调是天生的冷色系,视觉上极其平静。用这两种颜色打造的婚礼现场,充满了精致的高级质感。

整个仪式区被打造成了一个银装素裹的世界,晶莹的雪花,白色的神鹿,被雪覆盖的小青松。远远地看见一条森林小道通向城堡,等待王子的公主就在那城堡之中。

甜品区整体与主色调一致,主蛋糕是以蓝色为主色调,白色的树木、雪花、麋鹿点缀其间,大理石般的质感高级而又时尚。餐盘装饰配合银色的金属装饰,将整个餐盘点缀得更加灵动起来,梦幻的蓝白色调在童话世界里却也有着充满质感的时尚气息。

左页 仪式区吊顶白色的纱,透明圆球里的城堡等浪漫元素加入,打造出晶莹唯美的效果,带来意想不到的奇妙氛围。为了更好地展现白色的纯净脱俗,现场搭配的同色系花艺,也透出精致气息

右页左 餐桌上金色质感花艺装饰,晶莹透剔的酒杯,充满质感的时尚气息

右页右 新娘手捧以简单纯净的线条勾勒,四周以圆珠呈现,丝带和花艺装饰。与飘雪的浪漫婚礼现场,完美融合

编辑 / 石艳　设计 / GarLandDeSign
摄影 / EricaQ

今晚是平安夜，圣诞节曾一度被人们遗忘，但自从查尔斯·狄更斯的《圣诞颂歌》出版以来，人们又重新寻回了它的意义与价值。人们在当晚团聚、吃大餐、唱颂歌，给心爱的人赠送礼物。但更重要的是，慷慨行善，与大家分享爱与欢乐。

大概16世纪，德国人把松柏枝拿到屋中摆设，便成了世上最早的圣诞树，而世界上第一棵人造圣诞树，也是德国人用染色的鹅毛制作的。古板到冷酷的德国人，却给所有欢度圣诞节的人奉献了如此梦幻的礼物。

圣诞餐桌、悬挂的树枝、角落的圣诞树、圣诞花环是此案例主角。室内加入这些元素，令整个家有了圣诞氛围，这是令人非常兴奋的一天。圣诞

左页上 温暖的食物搭配原木色的容器,令人食欲大增

左页下 波浪形的异型蜡烛让整个桌花更显童话般浪漫

右页 圣诞节是一个家人团聚,感受家庭温馨氛围的时刻。大家亲手下厨制作,让氛围更加热烈,温暖的聚会是因为有温暖的食物,一群可爱的人

　　绿和大地色度在暖黄色的灯光下显得温馨舒适,悬挂的松枝、餐桌上的桌花,无一不在为这种氛围而努力。花材选择了诺贝松、柏枝、棉花、干柠檬片、松果,还配上了装饰球等,整体简单却氛围浓厚。色调上以圣诞绿为主旋律,点缀大地色系的干果片、松果,搭配金色的装饰球,营造比较低调的圣诞氛围。

　　原木色的桌椅,整洁的白色碗碟,传递出质朴的味道。金色蜡烛,水晶灯装饰,高级酒水增添剔透玲珑之感;桌面上摆放烤鸡、红烩牛腩、戚风奶油蛋糕等食物,非常美味又很应景。大家亲手下厨制作,让氛围更加热烈,温暖的聚会是因为有温暖的食物,一群可爱的人。节日最期待的莫过于亲友欢聚在一起,在用心布置的氛围下吃一顿饭。

左页一 餐桌上摆放着美味的食物
左页二 手工卷复古蜡烛,带着怀旧的魅力,刻意保留手工痕迹,边边角角的拿捏,带来一种质朴的美感
右页 圣诞绿和大地色度在暖黄色的灯光下显得温馨舒适,节日最期待的莫过于亲友欢聚在一起,在用心布置的氛围下吃一顿饭

回归自然的
美式乡村风婚礼

美式乡村风格设计元素、草垛和原木带来空旷感，复古的旧色调，摒弃了繁琐和奢华，使得婚礼更加轻松、温暖。

婚礼场地／西昌琼海宾馆草坪
策划／成都麦琪的礼物婚礼工作室
花艺／成都小李哥团队
摄影／酒瓶视觉
布置费用／15万

编辑／酒瓶视觉
设计／成都小李哥团队
摄影／EricaQ
场地／西昌琼海宾馆草坪
策划／成都麦琪的礼物婚礼工作室

西昌是成都人的阳光后花园，特产是一年四季都免费的阳光。所以在做这场婚礼设计的时候就想着要让阳光洒满整场婚礼，不要有任何遮挡和异形结构，让每个人走进婚礼现场的那一刻，内心都是无比温暖的。

仪式场地草坪中央是一棵直径1.5m的古树，结实嶙峋的躯干，枝繁叶茂生命力旺盛。为配合这可遇不可求的天然结构，我们在仪式背景的花艺设计上遵从树干本身的流线，让花和叶材可以蜿蜒舒展，这也是我们做婚礼设计一贯宗旨，自然的、非人为的、经典的。就是设计要符合场地本身的环境，让设计融入现有环境为设计加分，不做作。花材使用了玫瑰'白荔枝''雪山'、桔梗、夜来香等，还使用一些干花花材，芦苇、麦穗、尤加利果。团簇花材和叶材充分融为一体，让现场清新自然。树干上悬挂的花环设计，多了几分浪漫唯美。

镜面的巧妙装饰令增添了一些透亮的元素

花环，增加了线条感，又如古希腊女神的头饰，圣洁而梦幻

粗犷的草垛、原木树庄、粗制的棉麻制品，略显凌乱但是生活味道十足的装饰充满着原始的味道。摒弃了过多的繁琐与奢华，以"回归自然"为主题，采用怀旧、自然、散发着浓郁泥土芬芳的色调打造悠闲舒适的美式乡村风格婚礼，古典中带着一点随意。无论是新人对生活品质的向往还是婚礼人对于婚礼质量的严谨精神都赋予这场婚礼不同的意义。

新郎是成都知名的婚礼主持人易奥，长相帅气号称郑元畅，新娘是钢琴老师，美丽温婉，大学开始的恋爱长跑了很多年。新娘说，他们的相濡以沫就是"我买菜，你做饭，你洗碗。"所以在婚礼布置上面，两人一致的喜欢自然，不拘束的美式乡村风格，来宾们坐在草垛上聊聊天，喝喝饮料吃吃瓜果。时间和阳光都刚刚好的时候，在亲友的掌声中讲述他们的爱情和感谢。

合影区的布置是计划用木船做基础装饰。因为琼海本身就有很多船，没想到居然在酒店的草坪我们就找到了心目中想要的木船。婚礼头一天我们去西昌农贸市场和旧货市场淘了南瓜、栗子、坚果、酸角、石榴、李子、芒果等，还用了一些炖汤材料、山药片、柠檬片做装饰，被阳光照耀下，这些食物散发出诱人的芳香。

左页上 阳光下散发出诱人清香的柠檬片
左页下 农贸市场和旧货市场淘的装饰物,还有一些好看的炖汤材料
右页左 手提蓝、散落干花、干果,都是生活气息点缀
右页右 新郎胸花上加上象征幸运的马蹄铁,都是对新人未来幸福生活的祝福

日月星辰，繁花与兔

花艺师用悬挂花艺形式布置一场星辰景象，抬头便可见星辰，低头是繁花与兔子，让花艺走进人的内心。

花与兔子，月亮与星辰。我们很难拿一把尺子去衡量花艺作品的好坏。人与人的相遇是一场能量的交换，繁花与兔子，月亮与星辰。我们很难拿一把尺子去衡量花艺作品的好坏。对于一个花艺师来说，因为花艺创作中和花艺欣赏中都存在感性和直觉的成分。对于一个花艺师来说，自身技术与直觉觉得什么是对的，即使他自己也不能解释为什么。

这样一组作品色彩采用红、橙、黄、少量蓝、绿点缀，过程很开心，希望花艺也能让你整个冬天灿烂、温暖无比。

编辑／石艳　设计／赵希敬
摄影／马儿改小熬

当毛线球遇上鲜花，秒变一个简单的悬挂装饰　　　鲜花与干植物配合美丽绽放

温暖色系花朵组合,让整个冬天更温暖

野草丛 & 他的爱车

编辑／袁理
设计（花厨）／佳琪、晶晶、瑶瑶
设计指导（HeartBeat Florist）／林淇

在白天，具有磁性噪音，轰鸣穿梭过城市的宝石蓝的爱车；夜幕下，却在旷野繁星中停留。篝火焰尾的如鹤望兰和苏铁的翅，夜空中划过白藤条的萤光轨迹，蓝星球、澳蜡花或是繁星。白色圆形镜面和银锡纸反射出这辆"爱车"的金属质地。

发散状的花植却拥有柔软质地、藤条的磨砂质地却在花丛中穿插出曲线美，正如男性作为刚毅与敏感的多面体生物，虽然皆喷上冷调蓝色，却无法覆盖他火热的内心。

花植们各自天然的线条与质地在设计师对颜色的控制中协调又冲撞，异质材料的运用增添了整个桌花的故事性，无数个画面偶然而生。

Flowers & Green
鹤望兰（花和叶）、蓝星球、澳蜡花、苏铁、大花飞燕草、白藤条；蓝色透明纸、蓝喷漆、银锡纸

篝火、漫天星野，
野草丛生与他的爱车、
内心的豪迈与独属于男性的浪漫。
硬质花材中寻找曲线，金属质感融入其中，
营造出自然与科技结合的氛围。

冷
天体

Flowers & Green
蓝星球、刺芹；泡沫球、锡纸

以时尚买手店为命题的餐桌花布置。锡纸的元素给人冷冽不易亲近的感觉，但又透着某种莫名的吸引力，圆球形的半包圆状态，会有不完整的神秘感，从半球中衍生出来的刺芹和灯罩处蔓延的蓝星球，也体现了一种力量汇聚的生命力。

寒霜爬上天体，天体间蜿蜒的蓝星球沿着刺芹的轨道周转，又或者刺芹想要表达的是天体之间吸引的讯号。

本次设计反常理，不是以花植的数量体现其"花艺"身份，而是灵活运用色彩面积对比——同样颜色，色块面积小的，颜色反而越明显越突出。大面积纯色的泡沫球和锡纸具有类似的反光质地，在这样大面积纯色中穿插的小面积柔软鲜艳花植反而成为了设计的吸睛点，不但艳丽，质地也很独特。

编辑／袁理
设计（花厨）／元春、蕾蕾、张彤
设计指导（HeartBeat Florist）／林淇

用锡纸包裹的刺芹有未来感的机械风,大小的银色球体状似行星

从之一的综合材料作扮演营造设计氛围的角色,到之二转换为色彩和质感的配角。花艺设计在越来越注重空间性的今天,为配合设计目的和运用场景,设计师运用到的材料越来越广泛,架构感也越来越强。围绕花艺表达的花植中心不曾变过,但是配饰在拓宽材料运用范围的过程中越来越融入到主花中,主次划分模糊化,在花艺师的控制下,设计层次却更加细腻而颇具灵性。

球形权杖手捧

制作

手柄用了30多根0.3mm弹簧钢丝包裹一根3mm的拉直铁丝再缠上镀银细铁丝。底部分出8根钢丝抓住35mm的珠子，精巧而霸气。权杖上部随着镀银铁丝的缠绕按一定间隔分出钢丝，按球形的切面直径大小分配数量，从少到多再到少。在每一间隔分出来的钢丝上织蜘蛛网，目的是使钢丝指向确定，不左右摇摆。所有钢丝织好后修剪成大约的球状。

加花

花材选择贵气的蝴蝶兰、石蒜、风信子，颜色以白为主，辅以粉。在花材扎进钢丝之后以白色的珠子收尾。

这款权杖手捧制作精良，高端大气，它还有一般权杖手捧不具备的动感。新娘持着它行走时，整个花球，花球里的每一朵花都在弹簧钢丝的带动下跳舞。

设计 / 木木

水滴形新娘手捧

制作

用0.3mm的弹簧钢丝从大到小织了8/9片"蜘蛛网"状的小架构，技巧类似做伞形手捧架构的做法，不过伞形架构有手柄，我这个手柄的钢丝也向外掰开了形成两层，并且中间保留了一条直的钢丝做钩子把所有蜘蛛网结构连成一串。这样子拿在手上就很轻盈，走动的时候整个手捧都在自然晃动。

加花

加花部分很简单，我选择风信子和少量石斛兰，颜色是白和粉，很单纯。风信子花瓣肥厚，和石斛兰都是耐脱水的花材。直接把它们扎进钢丝里，末端塞颗珠子收尾。工作很简单，控制好形状和重心即可。

最初的念头其实是想利用竹子竹节部分和节上的分岔来做这个形状的手捧，但一时没有找到足够的材料实现，才换了这一个我觉得稍微有点笨的方式。但和我原来用竹节的设计相比，它另有一番冰清玉洁的风情。

设计／木木

汉堡甜甜圈新娘手捧

突然有了一个好玩的念头而把它实现了。
它应该适合年轻有童心的新娘子。

制作：

　　专门买了两个牌子的4.5L大瓶装水，把瓶底剪下，圆心锯掉。贴好纸胶带后，外表面覆盖浸了兑水木胶的刨花，干后喷上白漆。整个质感像酥皮蛋糕。在底座和盖子等距打孔，先在底座装长螺丝，然后铺上保鲜膜再放上割成游泳圈形状的湿花泥。鱼丝线系在螺丝顶端后拧上螺母穿出顶盖，让盖子也可顺着鱼丝盖在螺丝上，并可掀开，不会影响到加花。最后鱼丝线聚拢穿在直径35mm的珠子上。制作完成。

加花

　　选择的花材有多头玫瑰、莬葵、澳洲蜡花、黑种草、梭鱼草，以及戳上牙签的小多肉（玉缀、蛛丝卷绢）、佛珠。色系以粉白，白绿为主，力求表达清新明快。布局上略显高低错落，紧凑外溢。特意让花和顶盖还留有空隙，从侧面平视有通透感。最后挂上佛珠和布一圈从路边采的蓬蓬的乱子草一样的禾本科植物。

设计／木木

3 基础
Basic

植物编织墙饰 | 冬日蜡感架构桌花 | 卷木屑 | 野蛮花园风 | 枫夜 | 古时清欢 | 圣诞之光

植物编织墙饰

　　喜欢花植的我们，家中或多或少都会有一些不舍得扔掉的干花。有时候越留越多，也会想换个形式让它们继续留在家中。受到波西米风格挂毯的启发，我想干脆把这些干的枝材利用起来，而现在正好到了冬季，于是就有了这个作品。

　　棉花、芦苇各种冬季花材的运用，营造出温暖的氛围。冬季常用花材棉花无论是单独两枝斜插在花瓶里，也是很特别。

设计／半日花房
图片／绿续花房

How to make

❶ 准备两根白色的粗枝条和一些麻绳。
❷ 用麻绳将两根枝条连接，做出挂绳。
❸ 将白桦树皮剪成适当宽度后，穿插加入到麻绳中作为打底。
❹ 穿插加入棉花、芦苇。
❺ 加入细枝条、地肤等材料。
❻ 点缀几支土茯茎藤。

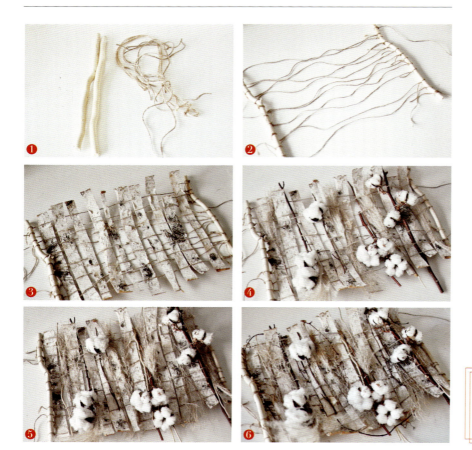

Flowers & Green
白桦树皮、棉花、芦苇、干地肤、土茯茎藤

图片／半日花房
设计／绿绿

冬日蜡感架构桌花

花艺师通常是通过花植来感知季节的变化。树叶掉落,露出枝干,是冬天来了。而那些光秃秃的枝条,姿态也是如此吸引我。我用蜡烛作为底座来表现雪地的感觉,干枯的树枝伫立其中,在寒冬腊月里,显得异常坚定挺拔。

不同形态的地肤、干枝条,高低不同,错落有致,凸显冬日的特质。

How to make

1. 准备一个盘子倒扣在垫板上,用保鲜膜覆盖盘子,之间用双面胶固定,做出底座。
2. 将融化好的蜡液浇到底座上。要注意蜡液的温度,温度越低粗糙感越强,越有冬日白雪的感觉。
3. 将蜡液浇到试管外壁。
4. 在蜡还没有完全冷却时,将准备好的试管在底部涂一点点热熔胶,插入蜡中。给试管加水。
5. 插入地肤、干枝条,将焦点花插入到中间靠下的位置。
6. 等蜡完全冷却凝固之后,用铲刀将蜡与垫板分离。将作品摆放到合适的位置后,将铲的过程中碎掉的蜡块撒到作品周围。

Flowers & Green
黄栌枯枝、干地肤、
尤加利果、小菊、永生芒萁

供　图：微风花 BLEEZ
地　址：广东 东莞
微　博：@微风花 BLEEZ
花艺师：叶昊旻

Flowers & Green
松枝、松果、山归来、装饰物

How to make

❶ 家居长桌花不一定需要高超的插花技巧，只需要准备好搭配的物料即可，还可以根据不同的节日改变装饰物。
❷ 先铺好桌旗，然后使用丝带在玻璃方缸上绑蝴蝶结。将松枝剪短、在桌面上铺成一条。
❸ 将松果放入玻璃方缸，然后在上面摆几根山归来装饰。
❹ 在松枝上摆放一些松果和木头。
❺ 在桌花两边摆放玻璃烛杯，在杯子里加水放入浮水蜡烛。
❻ 最后加入金色装饰球，完成长桌花。

这款圣诞家居长桌花不需要高超的花艺技巧，只需要一些简单的材料就能够完成，你也可以跟着学，过一个有仪式感的圣诞。

首先准备桌布或者桌旗、花器、松枝，你也可以用一些树叶来代替，还有平时装饰用的一些干果、木头跟一些金色的装饰物。天然的素材经过搭配和摆放，无需插花就能够完成一个精致的长桌花。加水的烛杯和金色的装饰球，都能反映烛光增加桌面的浪漫氛围，可以气氛活泼起来。

设计／张杰
图片／J-flower（上海）

卷木屑

一直很喜欢桧木的香味，淡淡的清香，闻着让人忘却疲劳。在做这个作品的时候，一边卷着这些木屑条，一边闻着香味，感觉可以一直卷下去。

How to make

1. 将木屑条相互打结连接成一长条。
2. 将连接好的木屑条如图串成圈圈。
3. 将串好的圈圈团成团状放在器皿上，用竹签夹住固定在器皿口。
4. 在圈圈的缝隙里插入鲜花。

Flowers & Green
格桑花

广玉兰叶

广玉兰的落叶，每一片都有着不同的色彩、不同的图案纹路，想要把每一片叶子的美呈现出来，于是做了这个挂件。

Flowers & Green
格桑花、活血丹

How to make

❶ 收集广玉兰落叶。
❷ 将广玉兰叶剪成方形。
❸ 将竹签剪开分别夹住叶子。
❹ 将叶子连成片。
❺ 将"丫"字型竹签2根分别夹住上方两侧，挂在树枝上。
❻ 用鱼丝线将花器固定在树枝上。
❼ 将鱼丝线系在树枝两头形成挂钩。
❽ 插入鲜花。

设计 / 张杰
图片 / J-flower（上海）

卷落叶

收藏了这个铁器多年,却一直找不到合适的花材搭配,直到遇见这个落叶。落叶的颜色和纹理与铁器搭配一柔一刚,互相映衬出对方的美。

Flowers & Green
鹅掌楸落叶、玫瑰、五色梅

How to make

1. 收集落叶,并放入水中浸泡数小时。
2. 将浸泡好的落叶用小木棍或者笔杆卷起来。
3. 中间分别卷入4~5个小水管。
4. 让卷好的叶子自然干燥。
5. 在铁器中适当做区域分割固定。
6. 将卷好干燥的叶子放入铁器,在水管中注水后插入鲜花。

设计 / 张杰
图片 / J-flower(上海)

How to make

① 修剪木贼，准备小竹签。
② 分别将两支木贼如图折曲成形，穿过竹签固定。
③ 将细碎的木贼如图缠绕成立体造型。
④ 将缠绕成形的木贼放在器皿上。
⑤ 在木贼的缝隙里插入刚才折曲成形的两支木贼。
⑥ 插入鲜花。

Flowers & Green
木贼、铁线莲

木贼

台风过后，院子里的木贼被吹得东倒西歪，只能把它们修剪下来。舍不得扔，拿在手里摆弄着，诞生了这个作品。

设计 / 张杰
图片 / J-flower（上海）

野蛮花园风

　　离开家两周后，回来发现院子里的花草呈野蛮生长的状态，于是把枯枝杂草修剪一番，结束后意外发现拿在手里的这把枯枝杂草意外的美，那么索性用它们插一盆野蛮花园风吧。

Flowers & Green
薄荷、蓝星花、五色梅、一枝黄花、薰衣草、格桑花

设计 / 张杰
图片 / J-flower（上海）

How to make

❶ 收集修剪下来的枯枝和杂草。
❷ 将它们如图用胶绳在适当位置捆扎。
❸ 将捆扎好的枝放在器皿上，在缝隙里先插入修剪下来的带有绿叶的枝条。
❹ 适当插入枯草、野花，增加野趣。
❺ 插入当季草本花材。

木工

每一片木片碎屑都不起眼，可是当把它们组合起来连成一片时，它们凹凸起伏，错落有致，形成了一幅立体画面，配上椅子，加上鲜花，就是一个很好的摆设。

设计 / 张杰
图片 / J-flower（上海）

Flowers & Green
洋牡丹、大丽菊

How to make

❶ 将木工碎片用木工胶粘在薄木片上，分别需要两片。

❷ 将木板根据需要尺寸锯开，用木工胶固定成靠背椅子造型。

❸ 将粘好的碎木片用木工胶分别固定在椅子前脚和靠背上，然后在椅子上放一个花器加水后插入鲜花。

设计 / 张杰
图片 / J-flower（上海）

竹子

对于我来说,竹子真的浑身都是宝,每一根竹子的不同部位都可以有它们不同的特点、功能。这个作品利用细枝部分绕成造型,粗枝部分中间可以储水用来插花。

Flowers & Green
五色梅、三色堇

设计 / 张杰
图片 / J-flower（上海）

How to make

❶ 将细竹绕成圆圈用胶绳两处固定。
❷ 将竹子如图修剪，并将分叉绕成圆圈用胶绳固定。
❸ 用胶绳将绕好的圆圈组装成形。
❹ 如图在竹子内注水后插入鲜花。

枯枝与枯叶

　　枯枝落叶,在我眼里它们都有着独特的美,是鲜花无法呈现的那种厚重,沉稳的美。

设计 / 张杰
图片 / J-flower(上海)

How to make

❶ 用胶绳将枯枝缠绕成立体长方形,枝条之间需要留出空间加入枯叶。
❷ 将枯叶用竹签穿过叠加成长条,需要2个长条。
❸ 将枯叶塞入缠绕成形的枯枝中。
❹ 固定在花器上,在缝隙内插入鲜花。

Flowers & Green
鹅掌楸落叶、洋甘菊、鼠尾草

How to make

❶ 选择一款喜欢的花器，结合作品风格将背景搭建好。

❷ 郊外采摘的枫叶，剪出适合尺寸的枝条，将枝条固定成一个开放且不规则的插花走向，利用底部折枝的方式在花器里交叉固定。

❸ 将散状的果实类枝条固定出整体的空间造型，疏密有致，包括左右、上下、前后的景深。

❹ 用小的花朵在枝条周围点缀；调整好花朵的状态，尤其是枝条走向和有趣的花朵，秋天的小景在瓶中顺势而为的绽开了。

枫夜

熟透下坠的枫叶,在尽自己最后的生命散发光芒,
让人回首往事耐人寻味,发人深省。

设计／曲艺
摄影／王婷婷

朝花夕拾

走在村边偶尔折一枝条,拾起别人不在意的花草,无论是枝条还是花草,不必珍视也不要丢掉,经过修饰之后将更顺从内心,感受更迭。

设计 / 曲艺
摄影 / 王婷婷

How to make

❶ 选择一款小高瓶，结合作品风格把背景搭建好。
❷ 用野外采摘的枝条，固定好"L"型的花枝走向，利用底部折枝的方式在花器里交叉固定。
❸ 将龙蛇藤横向交叉到花器中，塑造一个虚空间的造型。
❹ 珍珠绣线菊插入右侧，调整好出放射状的状态，整体造型就像从瓶中生长出来的花丛，看起来自然交错。
❺ 调整好花朵的状态，尤其是枝条走向，将一朵有趣的花朵插入瓶子最中间的位置，整个作品就完成了。

古时清欢

生活本该就是花草般多姿多彩，没有过多的复杂，是升华、是慰藉、是寄托。

How to make

1. 选择一个复古的花瓮，切好花泥放在花器里，花泥要高于花器2~3cm。
2. 用郊外采摘的剪短的枝条固定好一个开放的状态，中间比两边的高度稍低。
3. 将非洲菊等花朵按三角形的方向插入瓶中，包括左右、上下、前后的进深，整体造型完成了一半。
4. 用其他较小的花朵丰富剩余的空间，把主花放在最显眼的位置或黄金分割比例点上，其他小花作为辅助修饰作品。
5. 调整好花朵的状态，尤其是枝条走向有趣的花朵，整个作品就完成了。

设计／曲艺
摄影／王婷婷

灰色空间

这个空间的物尽其用绝不止体现单纯的开放到凋零,更好地解析做花的意义才能与之陪伴成长。

设计 / 曲艺
摄影 / 王婷婷

How to make

① 选择一款小高瓶，剑山放在花瓶中央，结合作品风格把背景搭建好。

② 用花先插出大概的走向，高低错落，有秩序地摆放固定。

③ 加入花朵进行点缀，将整体花艺造型整理好，不要露出前面的花器剑山。

④ 将主花与枝条加入，延伸整体的作品走向，调整好挺直的状态，整体造型就像从瓶中生长出来的花丛，花艺作品就完成了。

仙客来的圣诞之约

　　初秋过后几盆仙客来就来到我家入住了,和往常一样我会第一时间把花朵全部摘下来压花。

　　虽然不是第一次压仙客来,但打开压花板的那一刻还是被它们的色彩感动了。

　　印象中圣诞主题色以红绿为主,可是仙客来实在太美,于是我对自己说:"要不就试试粉色系吧。今年的圣诞就让仙客来问候亲朋好友吧!"

设计 / 敏珠

How to make

---

❶ 背景纸打底色。用美工刀刮一点色粉笔的粉末，然后用纸巾揉团蘸取粉末打圈的方法在卡纸上涂抹。

❷ 用相框卡条对比位置，选取压好的花材。先摆放仙客来，再填充美女樱和寿星花。用手机拍照检查构图是否美了，可以进行微调。

❸ 用少量的胶水固定花材，相框卡条上贴上圣诞元素的金色贴纸。

❹ 装裱作品。可以用铝箔胶纸加干燥片进行简易装裱；也可以用真空泵、玻璃胶、干燥片、脱氧剂、不带胶的铝箔纸进行真空密封。

圣诞之夜

每一年圣诞平安夜我都会打开手机听儿子小时候唱的《when Christmas comes to town》，这是我们母子俩看的第一部圣诞电影《极地特快》。那时我会用台词告诉他：…"只有相信圣诞老人的存在，你才能听到驯鹿身上清脆的铃铛声。"所以圣诞的夜晚应该是美好的，满天繁花陪着圣诞老人一路狂奔而来啦！

How to make

❶ 用相框卡条对比，选取镂空模板上的画面。

❷ 用白色高光笔沿着模板上的画面勾勒出图案的线条，再选取部分图案进行填空图色。让画面有实有虚。

❸ 用花材构图。选取整朵仙客来作为主花，侧面半朵的作为配花呼应。美女樱和寿星花点缀。拍照、调整、固定花材。这样三幅同色系的压花作品都是可以用自己养的花花草草压干后来创作，这个圣诞是不是很有乐趣了呀。

设计 / 敏珠

圣诞快乐

How to make

① 准备材料：各色印泥、指套海绵、模板。

② 用夹子把镂空模板和卡纸固定，用拇指海绵蘸取印泥，涂抹在模板画面的合适位置上，进行拓印。可以多拓印几幅，因为拇指海绵每个只能用一种颜色，不然会变混色。拓印好后用湿纸巾擦拭模板晾干。

③ 选取压好的花材进行构图、拍照、调整、固定花材。红色玫瑰热情灿烂，花瓣是心形的，非常可爱。搭配同色系的棒棒糖美女樱，一幅作品很快就完成了。各色绣球单瓣和重瓣的相结合，这样一棵色彩丰富的圣诞树也是大家乐意创作的吧。

④ 装裱作品。可以用铝箔胶纸加干燥片进行简易装裱；也可以用真空泵、玻璃胶、干燥片、脱氧剂、不带胶的铝箔纸进行真空密封。

圣诞让冬季的一抹红色驱赶着寒冷，
圣诞让无数惊喜的礼物带给更多的人，
雪花飘飘，麋鹿也欢快起来了，
感恩我的生命里有你，
此刻我只想说：
"圣诞快乐！愿你平安喜乐！"

设计／敏珠

How to make

① 选择圣诞主题的模具，根据模具的尺寸裁剪双面胶纸。
② 撕掉双面胶纸上面一层纸，选取自己喜欢的花材或者叶材铺满双面胶纸，再用模具比对，检查是否有空隙。平时可以收集一些大的花瓣或者叶子，即使是褪色的花材也是可以用的，因为使用模具刻图案是为了表达植物的色彩和纹理。
③ 切割机上放一张亚克力板，板上放模具，模具的凹凸面朝上；把有花材的双面胶纸放在模具上面，花材那面朝下，再盖一张亚克力板。把两层亚克力板同时推进机器，用手柄摇，直到亚克力板全部出来；去掉多余的双面胶纸，用镊子把模具里的图案拿出来。
④ 灯罩上贴一张A4大小的双面胶纸，裁剪多余的部分。
⑤ 在纸上构图，平安夜里圣诞老人背着布袋骑着麋鹿去送礼物啦。
⑥ 根据构图画面把刻出来的图案和花材移到灯罩上；根据灯罩的尺寸准备一张丝膜，把丝膜复盖在灯罩上，裁剪多余部分。在花材和图案的地方涂抹透明玻璃胶，让花材的色彩亮出来，也起到保护花材的作用；安装台灯，选择暖光的LED灯泡。

设计／敏珠

圣诞之光

"圣诞老人",是每个孩子童年最真最纯的梦。冬日的雨夜有些寒冷,黑黑的夜晚不想让孩子们失望,打开一盏台灯吧。看到"圣诞老人",背着装满礼物的布袋来了,暖暖的灯光会让孩子们尽快入梦。这样的灯光有爱,有快乐,有期待!

圣诞树的祝福

　　这是一棵会自己表达祝福的圣诞树。用东方金芍药花瓣打底色，金黄色的芍药更显得高贵，也是太阳的颜色，愿你做个充满活力和温暖的女子。用玫瑰花和樱花装扮圣诞树，用玫瑰花瓣刻出的Merry Christmas，愿你的爱情像玫瑰樱花一样纯洁、甜蜜。圣诞树上挂满了小小的蓝色的高山勿忘我，希望我们的友情永远都在，无论何时何地勿忘我！

How to make

❶ 选择圣诞主题字的模具，根据模具的尺寸裁剪双面胶纸。红色卡纸可以直接刻，但是没有植物的纹理和质感，也没有植物的多变色彩。红色是圣诞颜色之一，选择红玫瑰花瓣贴在双面胶纸上。

❷ 用切割机把字刻出来。

❸ 用黄色芍药花瓣在卡纸上做背景设计，覆一张薄的棉纸，让花瓣变得若隐若现，有层次感。

❹ 用胶水固定花瓣和棉纸，相框卡条对比尺寸，把刻好的字放在棉纸上定位。

❺ 在双面胶纸上画出圣诞树的图形，并剪下来，撕掉第一层纸。选取喜欢的花材摆放在圣诞树上，修边后撕掉双面胶纸下面一层纸，把圣诞树固定在棉纸上。可以再加几片芍药叶子点缀一下。

❻ 装裱作品。可以用铝箔胶纸加干燥片进行简易装裱；也可以用真空泵、玻璃胶、干燥片、脱氧剂、不带胶的铝箔纸进行真空密封。

4 探店

Discovery

34年，Hanasho 成为福冈最具人气的花店 | 伊都菜彩里的花店，让菜篮子里多一束花 | 店面装饰＋多业态的体验式风格正在兴起

34年

Hanasho 成为福冈最具人气的花店

文图 / LinLin

上个月去参加日本花园节路过福冈，每到一地拜访有特色的花店，现在已经成了我旅行必须打卡的事情了。

日本是重要的鲜花生产国和输出国，位于西北部的九州可谓农业大省，拥有众多鲜花切花的种植基地，先天的资源自然也带动了花店这个产业。福冈县是九州大县，全福冈县花店大大小小大概1000多家，那在九州这个鲜花种植基地的最重要城市，要选择哪家花店去看呢？

当我把这个问题抛向在福冈花市场工作了40多年的藤原先生和日本花精选大赏(Japan Flower Selection Award)玫瑰获奖种植者棚町先生时，他们异口同声地向我说到"Hanasho"，原因很简单，最有人气！

Hanasho，传统又优雅的人气花店

花店：Hanasho

地点：福冈市中央区薬院2-16-1-1F

店名"Hanasho"是花匠的意思。开在一个街角转角，店铺外陈列着绿植和部分季节性的装饰，陪衬着浅砖红色的墙面，很洋气。原本藤原先生和我介绍这是一家有34年历史的店，我的脑袋里出现的画面还真的是一个老派风格的传统店面，第一眼已经让人觉得赏心悦目。推开店门，一整面阶梯式陈列的鲜花迎面而来占据了视线的全部，鲜花的背后是冷柜，左手边是工作台区，墙面上各色丝带的柜子便于客人选择，也是一种雅致的装饰，所有的陈列、家具、灯光以及员工都给人一种在巴黎街头花店的感觉，清新优雅又高级。

店主宗隆男先生正好在店里，我们自然聊了起来。他今年也60多岁了，1985年10月，在学习了8年花艺之后，宗先生和他太太一起在福冈高端社区中央区开立了Hanasho，当时的店铺也在附近，但只有8.4m²，和很多人一起开始创业。几年后搬到了现在转角店铺，大约30m²，地理位置相当好。

值得学习的特色之道

在福冈，中央区是一个高档住宅区，这个社区沉淀着非常优质的客户。34年间，周围社区的居民、福冈博多天神的高级百货公司，各大公司品牌，诊所都成了Hanasho的客户，难怪大家都说它是最赚钱的花店！其实看下员工数目，店内工作的一家5人加上5个员工，10人规模的花店可以看出生意量了。我问了老先生，你们成功的秘密是啥？他太谦虚但又十分真诚地说，一点一点认真用心去做就好！

我相信很多读者都非常认可这点，但还有什么经营特色是开花店的大家可以学习的呢？给大家分享我自己的观察和思考：

第一，店铺选址非常重要，这首先要定位好自己的店。日本有很好的家居花传统，所以宗先生把花店选在高端社区，尤其是搬迁到转角的位置，非常符合花店的定位，这也是我询问藤原先生他认为Hanasho能成功的很重要原因之一。我在店内参观时，观察到来的客户也都是高端客户。高端客户给你带来的不仅仅是B2C的生意，产生B2B生意的机会也会变大。

第二，店铺的陈列十分讨巧，进门一整面花，色彩高度都分层，视觉冲击力非常强，一下子就把人抓进这个场域，让人立刻有了要买些美美的花回家的欲望。很多人可能都考虑沿着墙面来陈列，但他选择了空间的中间，在进门的视觉中心点，用阶梯式的方式陈列，合理利用了空间，增加视觉高度，又可以遮挡靠墙面摆放的冷柜。

第三，员工的整体状态是这家店最打动我的地方。我想这也是一家人打理花店模式区别于连锁店最具特色的地方。每一个人从笑容到态度都是非常发自内心的舒心，大家都笑嘻嘻，有条不紊地做着手上的事情。从这样的人手里接过一束花，是一件愉悦的事。毫不夸张，那天走出店后的一整天我都被他们的快乐感染着，心情特别美妙。很美的一家人，所谓气场真是如是，品牌永远都是通过人来传递给客人的。

第四，花品的选择非常严格，宗先生说他只选择高级花材，因为定位高端人群。客户虽然不认识花但高级的花材作品符合客户期望，出品有保障，这是所有信任的基础。

　　宗先生带我参观了他的冷柜，大多数来自福冈的花市。当天的早上我正好也参观了拍卖，日本的花材的确很棒，价格上倒也没有想像中的产区价的便宜。店内最受欢迎的花材是玫瑰，尤其是重瓣玫瑰。他非常仔细地和我解释起来，重瓣的花相对都会高级，但是由于花头过重，外层花瓣很容易脱落，花头开不大。而他给我看的这个品种，因为特殊的种植工艺花瓣不会掉落，所以多头的玫瑰也可以开到几乎单头玫瑰的大小，这真的相当惊艳了。而这样有特色的花正是宗先生的花店期望找到的，并且推荐给他的客户群。

　　我这才和他提起前一日我正是去久留米拜访了这种玫瑰的种植者棚町先生，也是他推荐我来Hanasho，看一看种植地到花店后，他的作品的形态。宗先生和棚町先

生已经是多年的好友了。棚町先生种植玫瑰有15年，他从父亲那代接手家族的鲜切花种植园，跟随日本诸多培植前辈学习，也去欧洲学习，他觉得欧洲的花虽然美艳但并不能表达日本的美感，他从形态到色彩培植新的品种，同时也向宗先生了解到市场和花艺师的反馈，解决了重瓣花的技术难题。

资深的花店经营者，参与到产业上下游中。令我十分感动的是，一枝花从种植地到花市再到花店，整个产业链上的每个人都相互了解，彼此支持。

以花市为中心，花店和种植者之间有了更多的沟通。在日本，参与花市拍卖和进货的只能是花店以及相关行业从业者。花市不只是一个市场，它担任着探索优质品种的职责，不断地和花卉协会、农业协会一起探索，支持好的品种种植，比如棚町先生

花圃里的棚町先生

七星玫瑰的发明培育者棚町先生也时常向宗先生了解消费者的想法和喜好

的玫瑰，就是在花市场工作了40年的藤原先生推荐给Japan Flower Selections 2017—2018年的大赏，花店也因此了解了它，把它推向市场。

花店也会和种植者共同参与研制，使得种植者不断地实验挑战新的适应市场的花品。早年Hanasho的宗先生和日比谷花店都向棚町先生反馈了多头玫瑰在设计过程中总是遇到花瓣脱落的问题，为花艺师带来很多困扰，他才开始钻研这个方向。后来有一款玫瑰花的命名还来自宗先生，可见他们在研发阶段的交流多么深入。又比如在九州我还去拜访了42年经验康乃馨资深种植人权藤先生，在我的印象里，康乃馨无非是朴实无味的花品，但这里却有可以调成香水的倾人芳香的康乃馨，让我一下子增加对这种花不同的感受。

花店对产品的认知和诠释也是非常细致的。有一个小小的故事，两位先生都和我提到。大家应该都了解东方快车，是欧洲相当奢华的旅行列车，在九州也有一部这样的列车叫七星列车，餐厅都是米其林厨师，手办礼来自爱马仕，总之非常奢华。当年他们在选择车上用花的时候，广发天下英雄贴募集具备美感和质感的鲜花。棚町先生为此研制出一款雅致白色重瓣玫瑰花品，取名七星玫瑰。这个从种植者传向花店的故事，容易传播，也非常能打动了解七星列车的日本人。

当我看到达店内的多头玫瑰可以开到这么大的时候，以及后来身为一个外国人在旅行的车站遇到了七星列车见证它的奢华后，我才理解了为何棚町先生向我讲述时那么认真，而当宗先生讲这个起源故事，相信当地客户应该立刻了解了它代表的高级感。棚町先生的每一个花品都整理了故事，并且印在随货发送的宣传单上。花店需要留意收集这样的故事来做市场，做内容。

花店的传承

大家或许都留意到了，日本鲜花产业上下游工作者会有花二代接手，藤原先生在花市场工作40年，棚町先生也是从父亲那里接受种植园，和藤原先生以及宗先生从父辈就开始结识，自然建立起了足够的信任。

Hanasho也是一样，宗先生年岁渐渐大了，慢慢把生意和客户都交给了儿子小宗先生。小宗先生并没有从小学花艺，大学毕业后去了社会公益组织工作两年，后来他决定做花艺就被爸爸送去神户一位严厉的花店那里做学徒，4年半后回到福冈从基层开始慢慢工作。小宗太太也是一位花艺师，常常去法国求学，并且在不远处还开设了自己的花店和学习教室。年轻一代除了继承生意，也会思考未来的发展。小宗先生在Instagram上也开设的账户做品牌宣传，在法国留学的太太，期待将工艺品带回来，结合花店售卖。宗先生的女儿也在店里，我拍下了她做花束的样子美极了，足以看出二代们不仅是传承了一家店，更是传承了用心对花用心经营。

中国普通老百姓对花艺的喜欢，恰似20年前的日本。人们开始关注生活方式，鲜花已经不再仅仅是礼物，更是生活的陪伴。更多的人来到花艺这个辛苦的行业，在这个有竞争有淘汰但也意味着有市场的年代，现在工作探索的我们正是像当年的宗先生成为花店第一代，愿大家在这个过程里，静心坚持，慢慢沉淀出各自的品牌精神。在不久的将来，或许我们也能聊起花店传承的话题。

伊都菜彩里的花店，让菜篮子里多一束花

离福冈半小时车程的系岛，被当地人笑称九州的夏威夷。这里有著名的景点，寺庙，海岸线以及一间间新开的网红咖啡店。你一定想不到，这里还有一家全日本年销售量最高的花店，开在农产品直销市场里的花店，今天就带大家去探店。

伊都菜彩系岛产直市场，从名字就能看出，这是一家让种植者直供自家的产品给终端消费者的市场。是不是在你的脑海里，各种充满生活气息丰盛新鲜的农产品已经扑面而来。听福冈花市场的藤原先生说，这是当地的农协推出的市场，一经反响热烈，很多福冈的居民都会来到这里买菜。在市场的四周墙面上有很多人的名字，正是在此直供产品的农家的名字，日本不少农家都是代代相传，大家很爱惜自己的姓名，自然会保证自家的品质。

文图 / LinLin

架子上放着自家种的新鲜花材,这一点点足以装点日常生活

市场的一侧就是我们今天要看的鲜花直供区，两排鲜花整齐的陈列，花品虽然没有花店那么多，但花材也相当不错，适合于家庭用花。这些鲜花都是在农协登记过的花农种植的，他们中有一些还是种植了一辈子的老花农，岁数大了之后闲不下来继续想种一些普通的鲜花品种。

　　每天早上，这些花农都会早早地前来排队，将自己的鲜花放在自己想放的位置上，多少都没有特别的规定，多拿多放，价格也是自己定义。

　　我所在的短短半小时里，来往多是老人家和家庭主妇。商场负责人和我介绍，这里的鲜花平均2天之内就可以全部销售完。

　　除了成束买的鲜花，还有做好的花艺摆设、绿植和盆栽花。

　　在日本，鲜花市场只会开放给登记过的鲜花行业执业者，比如花店。花市场不像在中国是可以直接面向个人消费者的。个人消费者通常都是在花店或者通过网络订购，对于居家用花成本还是略微高的。既然新鲜的蔬菜瓜果能够直供，为什么鲜花不行呢？

左页 富有些装饰和节日气氛的中型盆栽、绿植，十分适合节日和贵客来访时的家中用花
右页 菜篮子里顺便放入一束花，已经成为当地人的习惯

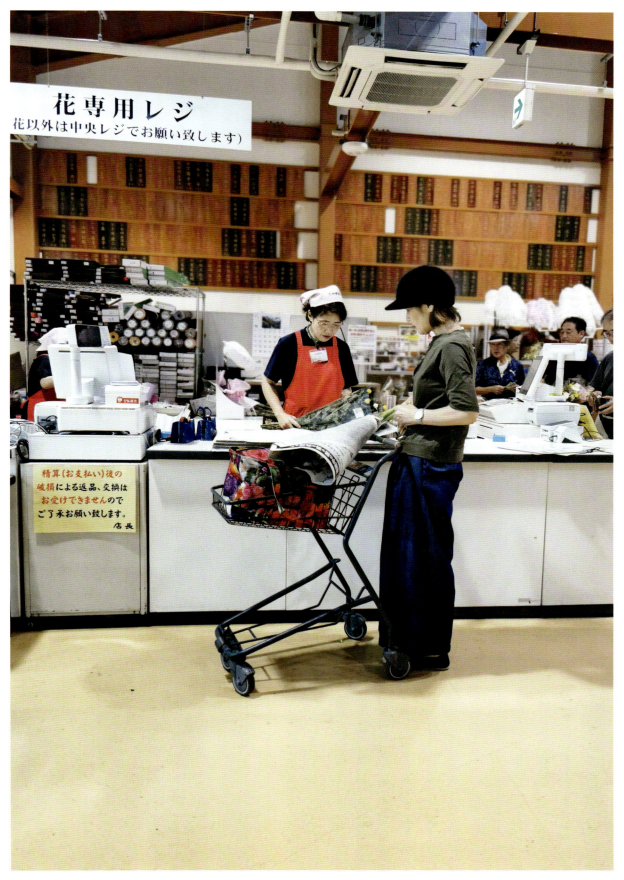

各种各样的小盆栽灵动又好照料，十分符合现代人简约快捷的生活习惯

出口处，有专门的鲜花点，买单、包装甚至寄送都可以在这里一站式完成，相当专业。在菜篮子里，加一束花，曾经是我觉得很美好的生活模式，而在伊都菜彩，一切都是那么自然，鲜花真的成了生活的一部分。

藤原先生告诉我，这里的花店开业之后，系岛好几家花店也关门了。我也深知花艺人的辛苦和压力，在国内花艺界的小伙伴也正在面临这样的压力。花店越来越多，和花店竞争的花商也纷纷出现，从互联网到身边的超市、水果店都在尝试在这个市场分一杯羹，价格比花店有太多的竞争力，花店的未来究竟如何？

我们无法阻挡新生的事物，但不得不去思考自己的优势是什么？又该如何突破？与超市花店的低价花品相比，花店的核心价值终究还是在于提供一个完整的花品设计，未必人人都要走高端路线，但设计的核心却需要融入到每一个作品里。当客户看到的花不再只是花，而是一件需要放在居所、赠送亲友，特别时日的表达时，她才能看到你的存在；当你可以提供更多可以代替单纯一枝枝花所能传递的产品时，她才能体会到你的价值。找到自己的价值，我们才能看到在不同的细分之中，新生的事物并没有抢走客户，而是在为我们共同打开更大的市场，只有人们有了购买花的习惯，才会在下一个阶段开始注重它的设计。建立自我品牌价值，这是每一个成品花店品牌的基础，如果你也在思考这个问题，是时候做出改变了。

店面装饰 + 多业态的体验式风格正在兴起

——访云南胡子花艺创始人赵应江

擅用隔断丰富空间层次，有几分曲径幽深之感

　　昆明斗南，熙熙攘攘的闹市中隐藏着一处世外桃源，走进这里的仿佛进入了幽深的原始丛林，时间在不知不觉中就慢了下来。从进门一直往里走，移步易景，每一处景致皆设计精巧，草木繁茂中揉和着佛法的智慧，这里便是当今网红——胡子空间的艺术馆。

　　胡子花艺创始人——赵应江，因禅悟佛法而留着标志性的胡须，业内人称"胡子"。专业绘画出身，与花草相伴生活20余载，是当下不可多得的空间花艺设计师。让自然走进生活，让生活融入佛学，让人与自然无争无夺、相生相合的美好境界，这便是他苦寻的空间美学艺术。多年来，胡子为多家花店进行空间设计，也深感花店业的发展变化之快，店面装饰趋势相较以前也发生了翻天覆地的变化。

撰文／黄静薇　　图片／胡子艺术

Q：花店在装饰前，需要考虑哪些因素？

A：现在的花店跟以前的传统花店概念完全不一样，顾客消费意识在转变，主要体现在购花用途。以前可能只为社交，送朋友、送客户……现在更多消费是为自己享受而采购鲜花。因此，以装修花店时更注重客人的体验感：如配备茶饮区，卫生间等功能越齐全，越能营造现代购物的氛围。比如，遇到情急时，人们会选择星巴克、麦当劳，如厕后会很自然在店里消费。未来配套设施完善，且有特色的进行装饰，也将会成为吸引客流的原因之一。像样板间一样的空间装置，体验的不仅是环境优雅美观，更重要的是实用，突出做花人的特质。

Q：花店应该怎样突出"花"的自然特质？

A：我时常在思考一个问题，花艺装饰并不代表要把植物五花大绑，束缚了鲜花原有的美态。一些架构作品扭曲了"花艺"意义，还是应该体现花卉的素雅之美，自然之美，让花店的前瞻性更远一些。既然产品更多是的为生活服务，那么，店里的"产品"就应该以融入生活为前提，除了有运用技巧的一部分，还要有更多还原自然本色的艺术之美。

左页 竹木材质的照壁归纳了空间"S"形状元素特点是吸睛之处

右页 细竹隔断透气又兼顾功能性，上面悬挂的下盆栽丰富横向结构

Q：花店的装饰风格如何界定？

A：个人认为要根据花店所在的区域决定装修风格。在商业氛围比较浓的繁华地区，更多应该考虑做装置艺术比较多一些；如果在小区附近，则应考虑生活情趣化装饰结合。在不同区域选择适合的店铺装饰会起到事半功倍的效果。当然，也可根据个人喜好进行装饰，如果能准确定位服务区域，参考以上建议或许会少走些弯路。

Q：花店在装饰如何与其他业态完美结合？

A：如今出现许多花店与其他业态相结合的店，而失败的案例也不少。做为花店还是应该以花为主，突出主要产品而不会被咖啡等附加产品取代。比如，提供咖啡是做为配套服务项目之一，用于客人等候时提供的免费服务，并非是售卖咖啡的经营项目，还是要区别咖啡店的。不应本末倒置，更多地讲究花在人们心中的意义。花店，消费的重点是在店内享受花给人们带来的艺术感，在享受配套服务的过程应该能够起到延伸业务的需求。比如，在体验过程中找到家居空间设计的灵感，从而有家庭软装、花园植物搭配、茶室设计等需求。现在家庭软装需求量很大，不得不说，有些接单是以拷贝为主，换句话说就是照搬，因此，有设计能力的承接人显得尤为稀缺。如果一个花店能做到既有设计能力，又有执行能力，必将会成为当地花店的主要业务获得者。

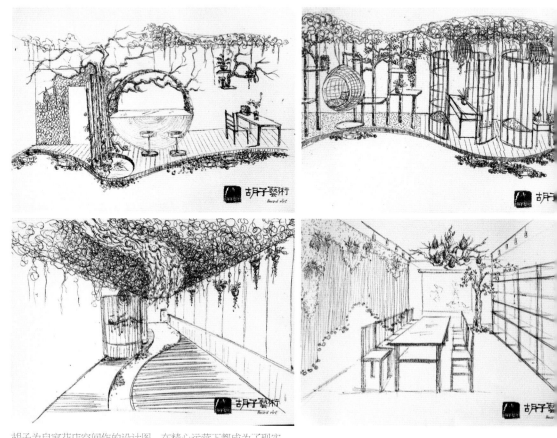

胡子为自家花店空间作的设计图，在精心运营下都成为了现实

草图中的场景，或是完全还原，或是灵活拆解，处处体现胡子的用心之处

根据花艺风格和周边氛围，结合胡子的特色诞生的花憩店面设计。
有标志的藤木结构还有现代的简约气质

Q：在现有花店的基础上，再加些什么项目能引流？

A：文化氛围的创意。比如增加书画区域，让客人在等候过程中，有坐下来的意愿，书桌上的小绿植装饰也许都能成为他的下一个购买品。这种体验试消费带动的购买需求远大于店内陈设的商品。植入式的产品对于花店销售起着不可忽视的作用。

Q：风格很独特的花店，可以通过哪些方式体现？

A：这几年也走了不少国家，相比较而言，国内的花店形式要优于外国，无论是空间还是陈设，除了一些花艺大师的知名店铺，其他都是简单摆放销售。我认为还是要根据周边环境选择店铺风格。在强调艺术的现时，更应该与消费者保持平等交流，首先要满足日常需求。当下不少花店增加了绿植产品，在组合的搭配的过程中，不要求有多专业，但是植物搭配一定要能给到专业指导。

此外，装饰共性不可忽视的还包括体验区，鲜花区和生活化陈列区。融入生活，符合家庭需求。休闲体验区，在购买的过程之外还有深度体验。以下是经我们设计的文艺范、北欧风情、日式新清等不同设计风格的案例，供大家参考。

供稿单位

 北京鹿石花艺教育
作品页码 ► P9

 赵敏珠
作品页码 ► P23、113、114、115、116、119

 赤子
作品页码 ► P34

 南京久月婚礼
作品页码 ► P41

 GarLandDeSign
作品页码 ► P47

 成都麦琪的礼物婚礼工作室
作品页码 ► P53

 赵希敬
作品页码 ► P62

 林淇
作品页码 ► P64、69

 木木
作品页码 ► P73、74、75

 半日花房
作品页码 ► P78、80

 微风花BLEEZ
作品页码 ► P83

 J-flower
作品页码 ► P86、89、90、93、94、97、98、100、103

 扣扣噢啦美学文化
作品页码 ► P105、107、108、110

 LinLin
作品页码 ► P122、130

 胡子艺术
作品页码 ► P138

花艺目客

FLEUR CRÉATIF
创意花艺

扫码购买

20年专业欧洲花艺杂志
欧洲发行量最大，引领欧洲花艺潮流
顶尖级**花艺大咖齐聚**
研究欧美的**插花设计趋势**
呈现不容错过的精彩花艺教学内容

6本/套　2019　原版英文价格 ~~620元/套~~，
中文版价格 348元/套